誰改變了世界？

③

4個科學先驅的故事

Ada　　　　　　Babbage

Darwin

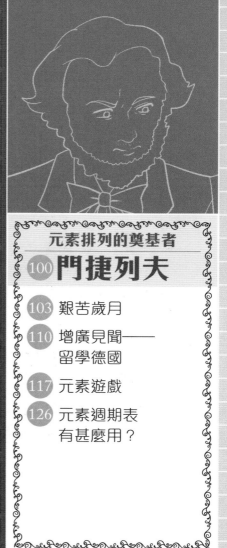

Mendeleev

電腦先驅

巴貝奇&

愛達

咔噠咔
噠咔噠咔噠
咔噠⋯⋯

隨着機
器上方的手
掣被攪動，金屬碰撞聲**此起彼落**，刻有數字的
輪子正不斷旋轉。0、1、2、3⋯⋯當數字從9回
到0時，上方的輪子便從0轉至1。同時，另一排
轉輪也在轉動，顯示出2、4、6、8⋯⋯

「噢！動了！」

「那些全都是**偶數**啊。」

　觀眾都被這部如皮箱大小的古怪機器吸引住目光，紛紛向它的主人連呼**驚歎**。

「巴貝奇先生，這真有意思。」一個男人**嘖嘖稱奇**，「它在顯示數字不斷加2時的數列。」

「而且從剛才起都沒出過**差錯**，很厲害呢。」另一個女人也說。

「過獎了。」巴貝奇一邊轉動手掣，一邊微笑道，「**機械運算**是不會出錯的。」

　只是，當輪子彷彿**永無休止**地轉下去時，觀眾驚奇的表情漸漸消失了。

　察知眾人心思的巴貝奇就停下來，道：

「對了，隔壁還有其他**有趣**的展品，別客氣，大家隨意參觀吧！」

「那邊好像有個**自動機械女郎**，造型還非常精緻呢。」一個男人向身旁的同伴道。

「真的嗎？那去看看吧！」

說着，兩人向巴貝奇**點頭致意**，就轉身離去。其他賓客聞言也陸陸續續移師至隔壁，只剩下兩三個人仍在觀察那機器。

正當巴貝奇也準備步出房間時，**冷不防**被一個聲音叫住。

「巴貝奇先生，它就只會算出雙數嗎？」

他回過頭來，只見一名年約十七八歲的少女站在身後。她穿着時髦的洋裝，手執一枝精緻的手杖。巴貝奇認得那是**著名**的拜倫家女兒。

「拜倫小姐，那只是其中一種**功能**，畢竟這裏所展示的只是小部分結構而已。」巴貝奇禮貌地應道，「如果整體都製造完成，就能夠計算**複雜**的數式。」

「真是個**有趣**又**怪異**的東西。」愛達·拜倫再次看着那機器說，「可惜仍未完成呢。」

「是有些可惜⋯⋯」巴貝奇語氣一轉，興奮地道，「但不要緊，我有個更**先進**的構思，只要向機器輸入指令，就能做到更多事情！」

「哦，聽起來很有趣，我也想看看。」愛達目光閃爍，「只是目前似乎**言之尚早**⋯⋯」

她說得沒錯。

時值19世紀30年代，隨着蒸汽動力的發達與蒸汽機的改良，機械發展雖**一日千里**，但在未有電力與電子零件的情況下，要製造一部機器去進行複雜到人力**難以企及**的運算，依然是**天方夜譚**！

不過，**查爾斯·巴貝奇** (Charles Babbage) 就嘗試達成這目標。他與那位拜倫小姐，亦即**愛達·勒芙雷斯*** (Ada Lovelace) 這位日後被譽為世界第一個電腦程式設計師合作，希望向世人展示機器的極致——一部由齒輪和轉軸等金屬零件構成、以蒸汽推動的「**電腦**」。那麼，兩人的相遇將對電腦發展帶來甚麼影響？

*原本名叫愛達·拜倫，「勒芙雷斯」是她婚後從丈夫獲得的貴族封號。

不一樣的紈絝子弟

1791年，查爾斯·巴貝奇於倫敦出生。其祖父和曾祖父都是金匠，而父親班哲明·巴貝奇則為一名成功的銀行家，且積攢了不少資產。

在這富裕的家庭中，巴貝奇及其妹妹備受愛護，也不乏得到各色各樣的玩意。每當他收到一件新玩具時，就會好奇地問：「媽媽，裏面是甚麼來的？」不過他通常得不到答案，於是就自行動手拆

原來裏面是這樣的！

開那玩具**一探究竟**。

19世紀初，工匠以巧手製造出各種**時髦**又**美麗**的自動機械物品，並設置博物館**招徠**客人付費參觀。這對小巴貝奇而言，是非常誘人的娛樂活動。一天，母親伊莉莎白就帶他到漢諾威廣場*附近的**機器博物館**。他在那裏看到許多新奇有趣的玩意，例如精緻的鐘錶，還有**栩栩如生**的仿真動物機械。

「媽媽，裏面是甚麼來的？」巴貝奇端詳着一隻彎頸吃魚的**銀色天鵝**，天真地說出那句口頭蟬。

與往時一樣，他又得不到答案，但這次因無法擅自拆開那些展品，只好**貼近**玻璃展櫃，希望能看穿它們內裏的構造。這時，一個**陌生**

*漢諾威廣場 (Hanover Square)，位於倫敦梅費爾區。

的聲音從旁傳來答案。

「裏面是我的**精心傑作**啊！」

巴貝奇扭頭一看，一個頭髮灰白的老人就站在他身邊。

「先生，你是誰？」

「我叫**梅林***，是個工匠，這些東西都是我製造出來的。」他向男孩稍微**彎腰致意**，「未知這位小紳士叫甚麼名字？」

「我叫查爾斯。」

「噢，查爾斯，**你喜歡**這些玩意嗎？」

「嗯！我很想知道裏面究竟是甚麼，為何它們可以動的？」

這時，天鵝似乎吃飽了，正緩緩抬起頭。

---

*約翰・約瑟夫・梅林 (John Joseph Merlin，1735-1803年)，英國著名的鐘錶與樂器工匠，也是一位發明家，設計過多款物品。曾於1760年代嘗試在鞋子加裝滾輪，造出了滾軸溜冰鞋的雛形。

「呵呵呵！因為裏面有各種精細的**零件**，它們互相配合就能**活動自如**。」梅林指着面前的天鵝笑道，「對了，你想不想來我的工場看點更有趣的東西啊？」

「好啊！」

於是，男孩得母親**准許**後，就隨梅林從展示廳轉角的樓梯上去頂層。

「進來吧。」老人推開門道，「歡迎來到**自動機械**的誕生地！」

那是一個大房間，中央擺了一張桌子，齒輪、彈簧以及一些不知名的**零件**和**工具**散佈其上。四周豎着像人一樣高的時鐘或是三角大鍵琴等東西；有些**木架**立於牆邊，上面堆放了各種小型機械裝置，還有一雙裝有兩個輪的特別鞋子。

13

巴貝奇到處東看看，西摸摸，忽然他的目光被兩抹銀影攫住了。

只見角落的檯座上擱着兩個機械人偶，它們都約有12吋高，各自擺出不同的姿勢。

「呵呵，你被那兩位淑女吸引住了嗎？」梅林笑道。他走上前啟動開關，人偶隨即徐徐活動起來。

其中一個先向前滑行，然後轉身回到原位，彎身鞠躬，動作流暢。另一個則是芭蕾舞者，正以優美的姿態跳舞，右手上更有隻鳥兒，隨着舞姿變化而拍動翅膀、開合嘴喙、翹起尾巴。

巴貝奇深深被眼前兩件美妙的人偶吸引，目不轉睛地細細凝視。

「漂亮吧？」梅林蹲在他身旁，手搭着他

的肩頭輕聲道，「只是它們仍未完成的。」

男孩細心一看，就發現人偶背後有些地方外露，從中可看到細小的**齒輪**互相**咬合**，一環扣一環。他知道就是這些機械零件帶動人偶活動起來的。

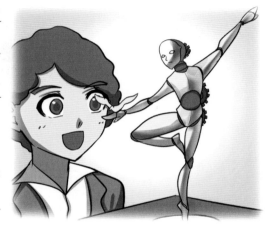

這次經歷令巴貝奇印象深刻。許多年後，他在拍賣會上再次與其中一個人偶**重遇**，便毫不猶豫以35英鎊*的高價將之買下，自行替它**修理**機件，並穿上**華美**的衣服，放在家中的展示廳讓賓客欣賞。

另外，不只是機械，巴貝奇也對**數學**有濃

*19世紀初1英鎊大約等於當時倫敦普通職員一星期的薪水。

厚興趣。他在十多歲時於恩菲爾德市的一所寄宿學校就讀，期間一度沉迷於代數。為爭取時間研習，他甚至跟一位同學在深夜離開宿舍，悄悄地躲在**空無一人**的課室內點着蠟燭做算題。只是最後「東窗事發」，被老師阻止，因為那會損害他們的健康。就這樣，深夜的學習時間結束了。

　　3年後，他離開學校，搬到**劍橋**附近準備應考大學入學試。

大學之夢

　　1810年，巴貝奇入讀劍橋大學三一學院，攻讀數學。為免落後於人，他入學前花重金買下法國數學家拉克魯瓦*的微積分課本仔細研讀。

　　後來，他因遇上不明白的地方，便去請教大學導師，但居然得到這樣的答覆：

　　「這些都不會在考試出現，就毋須理會了。」

　　「將時間花在更有用處的地方上吧，例如今年的考題範圍……」

　　只是，巴貝奇發現所謂考題仍圍繞着百多

---

*西爾維斯特・佛朗索瓦・拉克魯瓦 (Sylvestre François Lacroix，1765-1843年)。

年前有關牛頓的研究。而且教授對新研究幾乎毫無寸進，亦不甚在乎外界**日新月異**的科學發展，只沉緬於昔日牛頓大放異采的光環。大學**陳腐守舊**與**不思進取**的氣氛令他非常失望。

然而，他不甘就此落後下去，遂與數名志同道合的同學組成「**分析社**」(Analytical Society)，希望為促進英國數學發展盡一分力。他們自行翻譯外國書籍，定期研討問題，就算遭到**抱殘守缺**的教授嘲笑也從不退縮。其間巴貝奇結識了不少同伴，如赫歇爾[*]、皮科克[*]等。與此同時，他開始萌發**以機械算數**的念頭。

某天黃昏，巴貝奇在分析社活動室內閱讀一本**對數表**[*]。他看着表上密密麻麻的數字，

---

[*]約翰‧弗雷德里克‧威廉‧赫歇爾 (John Frederick William Herschel，1792-1871年)，英國天文學家、數學家及攝影師，尤對攝影作出重大貢獻。其父親弗雷德里克‧威廉‧赫歇爾 (Frederick William Herschel) 也是著名的天文學家，曾發現天王星。
[*]佐治‧皮科克 (George Peacock，1791-1858年)，英國數學家。
[*]有關對數，請參閱p.64「數學小知識」。

昏昏欲睡，思緒矇矓，不知不覺間就睡着了。

「喂！」

突然，他的耳邊響起一聲**吼叫**，登時被嚇得**驚醒**過來。他抬頭一看，只見面前站着一名社員正吃吃地笑着。

「巴貝奇，你夢到了甚麼啊？」

那時，巴貝奇頓了一下，思緒慢慢清明過來。

「我……」他平靜地望着對方，指着桌上的對數表道，「我在想能否用**機器**去計算這些表。」

另一方面，雖然巴貝奇**孜孜不倦**地鑽研數學，一心想挽回劍橋以至英國科學的頹勢，但他可不只是在做研究。閒時他也會與同伴**玩牌**、**下棋**、到河上划艇。另外，他又參加各種社團如靈異俱樂部，去嘗試尋找鬼魂存在的證

據，度過了**多姿多彩**的大學生活。

巴貝奇於1814年畢業，同年與女友喬治亞娜結婚。後來，他獲同學赫歇爾及其父親推薦，1816年成為**皇家學會院士**，並憑藉父親豐厚的財力資助，繼續自行做研究。

詩人閨秀

正當巴貝奇與其新婚妻子展開**甜蜜**的新婚生活時，英國另有一對著名冤家也將共偕連理，那就是愛達的父母。男方是英國遠近馳名的大詩人拜倫*，而女方則是博學的淑女安妮貝拉*。1815年，兩人在對衡郡的錫厄姆莊園*內舉行婚禮。同年12月，愛達就出生了。

拜倫生性風流不羈、**喜怒無常**、放浪形骸，極富文學想像力。相反，安妮貝拉則**聰敏**卻**保守**，且精於算計，甚至因其對數理的天分

*佐治‧戈登‧拜倫 (George Gordon Byron，1788-1824年)，英國貴族 (第六代拜倫男爵)，亦為浪漫主義文學的代表人物，也當過上議院議員和革命組織領袖。
*安妮‧依莎貝拉‧密爾班基 (Anne Isabella Milbanke，1792-1860年)，暱稱「安妮貝拉」，是貴族羅夫‧密爾班基爵士的女兒。婚後改姓為安妮‧依莎貝拉‧露華‧拜倫 (Anne Isabella Noel Byron)，通稱「拜倫夫人」。
*錫厄姆莊園 (Seaham Hall)，為英格蘭鄉村別墅，現改建成酒店。

而被拜倫戲稱為「平行四邊形公主」。兩個性格**南轅北轍**的人竟締結婚約，一度在上流社會引起佳話。

只是，婚後二人卻很快**交惡**。就在女兒滿月時，安妮貝拉提出分居，回到位於愛爾蘭科克比的娘家。另一方面，傳媒乘機炒作，紛紛指責拜倫**寡情薄倖**。到1816年，拜倫終於受不了英國的紛擾，遠走他鄉去參軍。

此後，愛達就在母親極其嚴厲的教育下長大，並對父親之事**一無所知**，甚至連問也不被允許。

有一次，母女二人在花園散步，年幼的愛達忽然問：「媽媽，為甚麼其他人都有**爸爸**，但我沒有的？」

剎那間，安妮貝拉的表情變得十分**可怕**。她俯身瞪視愛達，就像看着甚麼怪物似的。

「你聽着。」她彷彿要極力忍住從喉嚨深處迸發的**怒火**，沉聲道，「以後不准再問這件事，知道了嗎？」

愛達登時嚇得說不出話來。

「知道了嗎？」母親再度**厲聲**問。

「知……知道，媽媽。」她這才**結結巴巴**地回答。

從小母親對愛達不算親暱，甚至可說是冷漠，但她還是第一次見到如此**兇狠**的表情，令自己心生畏懼，於是不再詢問下去。

不過，當1824年拜倫在國外**戰死**的消息傳來，**舉國震驚**，而8歲的愛達也終於知道父親的事情了。

其實，安妮貝拉所做的一切，都只為杜絕拜倫對愛達產生任何影響，以免女兒繼承了丈夫的放蕩。她甚至試圖**壓抑**愛達的文學想像力，只讓女兒學習**數理科學**。

別看那些書！來，學習這些算式吧！

相對而言，愛達很勤奮，而且很快就展現出其**科學天分**。在大約十多歲時，她就曾想過若人能在天空飛翔，郵差派起信來就會既方便又快捷了。但她不只**兒戲**地想像，還真的**認真**研究人要如何才能飛起來。她觀察鳥的活動，閱讀解剖學的書籍，了解鳥的翅膀構造，然後模仿雀鳥的形態，設計出一種**飛行器**。

　　拜母親之賜，愛達獲得充分的數理訓練，但她那豐富的**想像力**卻是安妮貝拉無法壓制的。事實上，愛達繼承

了父母雙方的特質，展現出一種**理性**與**感性**結合的天賦。這種特質將在日後為巴貝奇闡釋那複雜的計算機器時，提供了一大助力。

數學家的捷徑

就在愛達逐漸成長之際，於倫敦工作的巴貝奇正為修改對數表一事忙得**焦頭爛額**……

1819年，巴貝奇與好友赫歇爾到巴黎旅行，對當地科學機構的嚴謹和先進大為讚歎。相比之下，英國就似乎**停滯不前**，皇家學會內甚至有院士沒接受過科學訓練。

回國後，他們與其他同伴於1820年成立**倫敦天文學會***，致力於天文學研究，提升英國水準。後來，他們接到一項工作，就是為政府修訂官方航海曆。

---

*倫敦天文學會 (Astronomical Society of London)，1831年獲英王喬治四世頒發特許狀，成為「英國皇家天文學會」(Royal Astronomical Society)。

航海曆記載了大量天體觀測的資料，例如行星的運行方位及其出現日子、與地球相差的角度等。航海人員透過這些資料，配合星體的實際情況，就能計算出自己的正確位置。這

對遠洋航行非常重要，若數據出錯，可能令船隻迷失方向，甚至造成船毀人亡。

當時，計算機和電腦都尚未發明，要計算天體軌跡如此複雜的算式，就會動用數表。所謂數表，就是一個算式的答案列表。人們若想知道該算式在某一數值時的答案，只要翻查數表就一清二楚，以三角形數列為例：

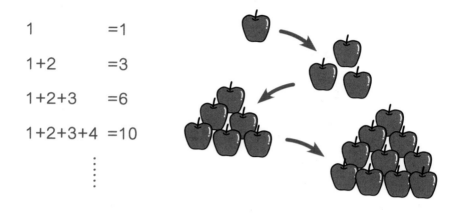

$$1 \qquad = 1$$
$$1+2 \qquad = 3$$
$$1+2+3 \qquad = 6$$
$$1+2+3+4 = 10$$

那麼,當數列到11302時又等於多少呢?若從頭開始計算,必定費時失事,而且容易出錯。後來就算人們發明了公式 $\frac{n(n+1)}{2}$ 以找出任何一個三角形數,也須花點工夫吧。不過,人們只要翻到數表中記載11302三角形數該頁,便能直接得到答案,如此一來就節省不少時間和人力。

只是,製作數表需要靠人們事先計算編寫,再作多次檢查才能完成,其過程不但枯

燥，而且抄寫時有機會**出錯**。據說巴貝奇和赫歇爾在檢查對數表時也曾大發脾氣⋯⋯

「**受夠了！**花這麼多時間就只是看一堆**無聊**的數字！」巴貝奇把手上的對數表往桌上一扔，攤向椅背恨恨地道，「如果這些計算能由**蒸汽機械**準確完成，你說該有多好啊！」

「我相信可以的。」旁邊的赫歇爾也累倒在一旁，「你不是說過已有**構思**嗎？」

「對啊。」巴貝奇仰望着天花板說，「只要成功，人類就可從這些乏味的工作脫離出來了。」

「那何時動手啊？」

「**現在就動手！**」巴貝奇忽然從椅中彈起來，在一張白紙上畫了數筆粗略的線條，「我不想再等了！現在就是**好時機**！」

　　赫歇爾看着夥伴**奮筆書寫**的身影，忍不住問：「那麼這機器該叫甚麼名字？」

　　巴貝奇抬起頭來，目光灼灼，興奮地道：「**差分機** (difference engine)！」

為方便理解，現在先以剛才提到的三角形數列作為例子，簡單說明**差分**，以及數表的製作過程。

當中由2位工作人員各自計算一組**算式**，如下表：

B的工作是把自己上一行的計算結果與A上一行的計算結果相加，然後加1。

A的工作是將自己上一行相加的結果加1。

得出「三角形數列」結果。

數字	第一階段差分 (工作員A的計算)	第二階段差分 (工作員B的計算)	三角形 數列
1	0+1=1	0+0+1=1	1
2	1+1=2	1+1+1=3	3
3	2+1=3	3+2+1=6	6
4	3+1=4	6+3+1=10	10
5	4+1=5	10+4+1=15	15
6	5+1=6	15+5+1=21	21
7	6+1=7	21+6+1=28	28
8	7+1=8	28+7+1=36	36

雖然那看似簡單，但當計算到上千以至萬位數字時，出錯機會就增加。而且，人們不斷重複計算，再將答案抄寫到紙上，過程**枯燥乏味**，更易**掉以輕心**。一旦其中一個環節出錯，就會影響往後的數值，造成「差之毫釐，謬以千里」的嚴重後果。

於是，巴貝奇便想製造一部機器完成工作，並命名為「差分機」。所謂「差分」，簡單來說就是以某個**固定**的**差**，加上先前計出的數值而獲得結果。例如前頁的三角形數列，其固定的差就是1，加上A和B的計算數值，就得到三角形數列。在其構思中，差分機須能**自動進位**，且具備列印功能。

他聘請了數位工匠製造零件，然後親自裝嵌，至1822年終於製作出一個約有0.6米高的小

型差分機模型。這個機器由金屬框架支撐，以多條輪軸構成主體。當中每條輪軸上有多個輪子，輪子劃分成**十等分**，每部分各代表0至9這十個數字。

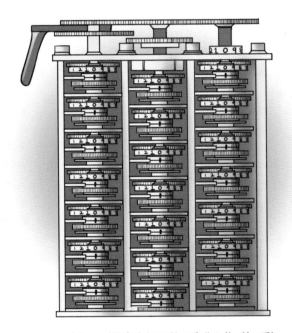

↑差分機以攪動手掣作為動力，只要事先設定算式，再攪動手掣，數輪就會轉動，顯示適當的數字。

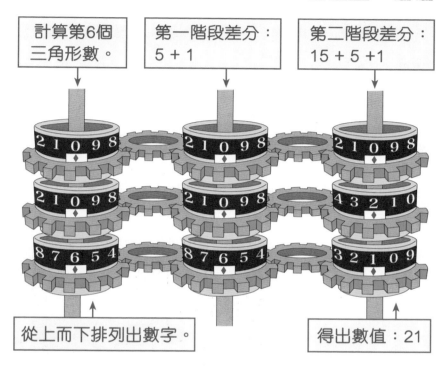

計算第6個三角形數。

第一階段差分：
5 + 1

第二階段差分：
15 + 5 + 1

從上而下排列出數字。

得出數值：21

　　同年，巴貝奇向倫敦天文學會報告成果，並寫信予皇家學會會長以及其他學術機構的學者，詳細說明差分機的**初步構思**與**運作細節**，以作宣傳。後來英國政府得悉此事，也委託皇家學會研究其**可行性**和**實用價值**，至1823年願意撥款1500英鎊，**投資**在差分機上。

及後巴貝奇與一位頂尖機械工程師克里門[*]合作，製造差分機所需的零件。由於那些零件既微小又精密，一般工具和手工技術難以完成，克里門遂決定自行設計新的工具應付所需。另一方面，巴貝奇走訪其他地區的工廠，請教不同的工匠，充實機械製作的知識，以應付愈加複雜的構想。

*約瑟夫·克里門 (Joseph Clement，1779-1844年)，英國工程師及企業家。

名人聚會

　　就在差分機研製得**如火如荼**之際，惡耗卻**接踵而來**，1827年巴貝奇的父親、小兒子以及妻子相繼去世。在大受打擊下，他暫時拋下一切，委託好友赫歇爾監督機器的進度後，便與身為機械工匠的同伴李察・萊特橫渡海峽，到歐洲大陸**散心**兼**遊歷**。二人到過荷蘭、德國、意大利等地，結識了其他科學家和工匠，又參觀許多工廠，甚至攀上維蘇威火山，得到各種寶貴的**經驗**。途中，巴貝奇更得悉自己獲劍橋大學委任為「盧卡斯數學教授」*。至1828年底，他才返回倫敦繼續工作。

*盧卡斯數學教授席位 (Lucasian Chair of Mathematics)，為劍橋大學的榮譽職位，其中牛頓、霍金等著名科學家也曾獲委任此職。

另一邊廂，少女愛達則正經歷人生各種難關。她在14歲時患了重病，幾乎**癱瘓**和**失明**，差點死去。雖然經治療後終於戰勝病魔，但有

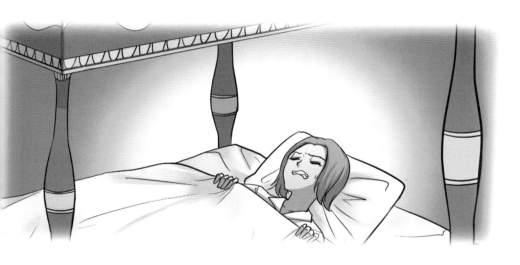

時仍**行動不便**，需要靠拐杖走路。數年後，她與一名家庭教師相戀，計劃**私奔**，可惜失敗收場。事後愛達更被母親安妮貝拉**訓斥**，告誡自己要顧及名聲，別再做任何**逾矩**的行為。經此一事，她**安分**了許多，並開始參與上流社會的

聚會，包括巴貝奇的晚間茶敘。

多年來巴貝奇常邀文人雅士和達官貴人到家暢談，連達爾文*和狄更斯*也是其座上客。1833年6月的一晚，愛達跟隨母親來到他的住所，見到了巴貝奇和他的差分機。

*查爾斯‧達爾文 (Charles Darwin，1809-1882年)，英國生物學家與地質學家，撰有《物種起源》等書。若想了解其生平，請參閱本集的第二章。
*查爾斯‧狄更斯 (Charles Dickens，1812-1870年)，英國著名小說家，撰有《塊肉餘生錄》、《苦海孤雛》、《荒涼山莊》等。

這位少女與其他**賓客**一起站在那部差分機前，一邊看着它的主人攪動手掣令機器顯示偶數，一邊專心聽着對方解釋**機械構造**。後來，當她得悉巴貝奇正設計另一部

嶄新的計算機器時，就更為**好奇**……

「真是個**有趣**又**怪異**的東西。」愛達看着機器向對方説，「可惜仍未能完成呢。」

「是有些可惜……」巴貝奇語氣一轉，興奮地道，「但不要緊，我有個更**先進**的構思，只要預先輸入各種**指令**，就能做到更多事

情！」

「哦，聽起來很有趣，我也想看看。」她的目光閃爍，「但目前似乎言之尚早呢。」

「不，我覺得現在正是要做的時候。」巴貝奇道，「當然，我也不會放棄現時的差分機，雖然在研發上出現了阻礙……」

的確，當時差分機的製作過程困難重重。除了因零件精細複雜、難以製造之外，另一個原因是巴貝奇一再修改設計，以求盡善盡美，令進度緩慢。根據設計圖的最終版本，整座差分機超過4.5立方米，重達15噸，當中約有25000個零件運作，能將多達20位數的數值作6個差分階段計算。

此外，他與工程師克里門的關係漸趨惡化，亦埋下失敗的種子。兩人常為資金問題爭

執，又為了機器零件和製造設備屬誰**吵個不停**。其間，巴貝奇還發現對方數年間大肆擴充廠房，又購買多種機器，增聘工匠，但那樣並非為製造差分機，而是做**其他生意**。他漸漸懷疑克里門**虛報成本**圖利。

你到底將我的錢用在哪裏？

我倒想知道這個沒完沒了的計劃何時才圓滿結束！

經過十數年，差分機只製成了七分之一，完成日子再三延後。當時英國政府已耗費近17000英鎊，而巴貝奇也私下出資數千鎊，卻仍遠遠不足所需。面對這個無底深潭，政府判斷那機器既昂貴又毫無實用價值，於1842年決定中止資助。差分機計劃最終功虧一簣，只剩下一個由克里門拼砌數千零件而成的不完整機械部件。

機器運算

在巴貝奇的構想中，分析機比差分機解決到更多數學問題。只是，若要機器儲存各種複雜指令，其構造就須更**精密**和**佔空間**，容易造成體積過大，**難以負荷**。後來，他從新式的**雅卡爾織布機**[*]獲得靈感，想到運用**打孔卡**從外部輸入指令。

眾所周知，布由絲線**橫直相交**編織而成。若想編織出有圖案的布，就須**預先**編排直線的位置，再將橫線在特定位置穿過其中，途中需要大量人手協助，且工序**繁複**。雅卡爾就以一

---

*雅卡爾織布機 (Jacquard loom) 由法國發明家約瑟夫・馬利・雅卡爾 (Joseph Marie Jacquard，1752-1834年) 於1804年發明。

些帶有孔洞的紙卡控
制絲線相交的情況，
其簡略步驟如下：

雅卡爾織布機

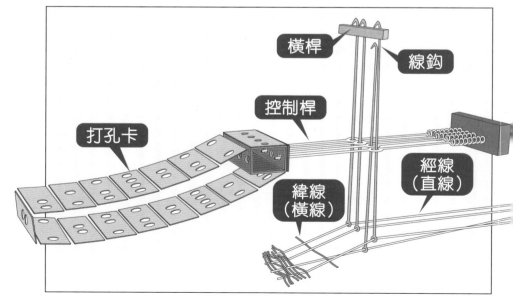

橫桿

線鈎

控制桿

打孔卡

緯線
（橫線）

經線
（直線）

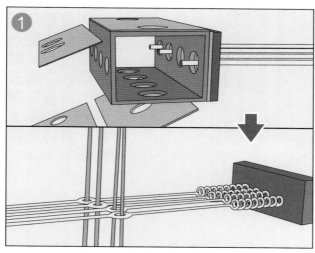

① ←打孔卡被
推至控制桿
一端，令某
些控制桿穿
過卡上的孔
洞，其餘的
則被卡擋住
而往後推。

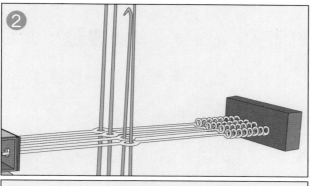

② ←連着控制
桿的線鈎因
其移動，也
往後移。

③ ←同時，橫
桿往上升，
將那些沒
移動的線鈎
也一併提起
來。

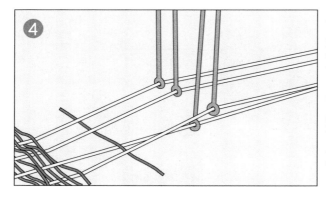

←下方那些連着線鈎的經線亦被拉起。這時緯線穿過其中，有些就會疊在經線上面，有些則置於下方。

　　如此一來，透過一連串預先排好的打孔卡，令織梭按**程序**穿過絲線，就能**自動**織出美麗的圖案了。同樣，巴貝奇希望以一張張孔洞位置不同的打孔卡，創造出機器能分辨的「語言」，然後按指令**排列**打孔卡，輸入分析機內，機器即能運算。

　　另外，為了讓機器運作得更暢順快捷，巴貝奇決定將**數字儲存**和**運算**兩方面分開，以一個名為「**倉庫**」(store)的部分儲存數值，一個叫

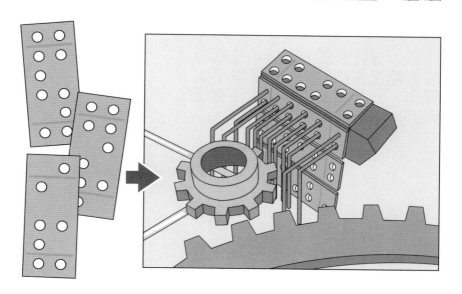

↑將數字、算式符號等進行編碼，製成打孔卡，放入分析機。機器中的控制桿有些會穿過孔洞，有些則被卡擋住，從而令機器按既定指示運作。

「工廠」(mill) 的部分則負責計算數式。這猶如現代電腦的記憶體 (RAM) 以及中央處理系統 (CPU)，而且機器具備列印功能。據其設計，分析機是一座長度約10米的龐然大物，由蒸汽機推動：

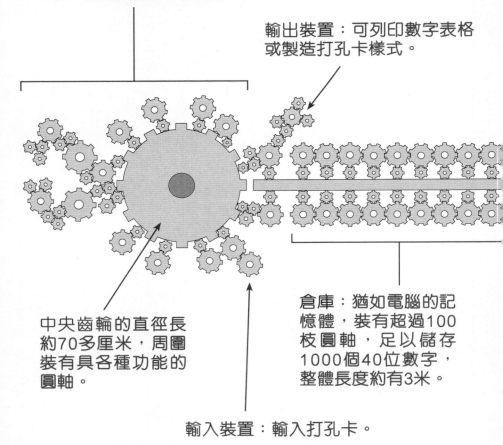

工廠：主運作部分，猶如電腦的中央處理系統，能進行一般四則運算、對數、三角函數以至疊代公式、伯努利數等複雜算式。

輸出裝置：可列印數字表格或製造打孔卡樣式。

中央齒輪的直徑長約70多厘米，周圍裝有具各種功能的圓軸。

倉庫：猶如電腦的記憶體，裝有超過100枝圓軸，足以儲存1000個40位數字，整體長度約有3米。

輸入裝置：輸入打孔卡。

　　巴貝奇估計若計算兩個40位數字**相加**的算式，撇除齒輪起動與列印結果，分析機只需要約3秒就能完成。至於複雜的**乘除數式**，例如20位數乘以40位數，分析機也該在2分鐘內完成，其速度固然不及現代的**電子計算機**，但也比用人手計算快很多了。

　　與此同時，他也在1846至1849年間設計**差分機2號**，以計算到更多位數字。

電腦語言

　　1841年某天，巴貝奇乘搭**蒸汽火車**前往韋
布里奇*。在一片**轟隆聲**中，他回憶起數年前受
託為鐵路公司研究路軌寬度時，曾與一位出眾

*韋布里奇 (Weybridge)，位於倫敦西南面的郊區地帶。

的倫敦銀行家吃飯。當時二人聊着聊着，自然就提到新開發的鐵路。

那銀行家皺着眉頭說：「老實說，我一點也不喜歡這種新運輸方式。」

「咦？但它的速度很快、很方便的啊。」巴貝奇驚訝地問。

「就是太快了！」對方抱怨道，「它會令我們的職員在侵吞公款後，乘着火車以每小時20哩的速度逃往利物浦，再轉往美國去！」

「你這樣說也不無道理……」巴貝奇試圖辯解，「不過科學或許能補救這缺點，我們也可用快如閃電的火車去抓回那可惡的小偷吧。」

從1804年世界首條以蒸氣推動的火車在英國面世以來，鐵道發展一日千里。然而，新產

品總是被某些守舊頑固的人們抗拒，鐵路如是，巴貝奇自己的計算機器亦如是，不禁令人唏噓不已。幸好世上也有不少肯接受新事物的人，包括他正去探望的好友愛達。

自那次聚會後，二人一直保持書信往來。1835年，20歲的愛達下嫁貴族威廉*。3年後，威廉晉封為勒芙雷斯伯爵，於是她也成為伯爵夫人，通稱「愛達・勒芙雷斯」。

巴貝奇想着想着，赫然發現火車已緩緩駛進月台。他走出車站，就看到一輛馬車停在附近，車上的愛達正向自己輕輕揮手。

「勒芙雷斯伯爵夫人，很久不見，其實你不用親自來接我的。」他上車後客氣地說。

「不要緊，我想快點聽聽你的事情嘛！」

*威廉・金 (William King-Noel，1805-1893年)。

愛達望向窗外的火車站，笑道，「巴貝奇先生，鐵路果然是**偉大的發明**，這麼快就將你送到我面前了。」

「的確。」

「你那部機器也同樣**了不起**。」她回過頭來問，「對了，聽說你去年到過**意大利**，有甚麼收穫嗎？」

「我去了參加一個科學家**會議**，發表分

析機的構想。」巴貝奇回憶道，「反應尚算不錯，雖然他們大多似乎聽得一頭霧水，但仍充滿好奇，還有位年青人一邊聽一邊寫筆記呢！」

那位年青人名叫路易吉*，他詳細記錄了巴貝奇闡釋分析機的構思和細節，然後匯整成篇，於1842年以法文在一份雜誌上發表見解。後來，英國期刊《科學傳述》*編輯選中他的文章，邀請愛達譯成英文出版。愛達將此事寫信告知巴貝奇，對方建議她除了翻譯外，也可附上自己的評註以作補充。

一年後，她終於完成工作，並在譯文後附加大量註釋，其分量更比原文幾乎多一倍。當

*費德里科・路易吉 (Federico Luigi) (1809-1896年)，梅納布雷亞伯爵，意大利政治家及數學家。
*《科學傳述》(*Scientific Memoirs, Selected from the Transactions of Foreign Academies of Science*，1837-1852年)，由出版商理查・泰勒 (Richard Taylor，1781-1858年) 創立，專門將外國論文翻譯成英文。

中她以分析機如何計算 白努利數*為例去解釋其運作功能，寫下各種對機器的**指令**，而這些指令在日後被視為世界第一套 電腦程式。

另外，註釋內還有許多現代電腦的 基礎概念。愛達提出分析機不只是普通的計算機器，更是一門**新科學**，透過打孔卡將抽象的數學與機械實體連繫起來：「一種 嶄新、**廣泛**、**強大**的語言將發展起來，用作分析，它比以往我們既有的工具都做得更快、更準確。如此一來，數學在理論與實用上都能結合得更 緊密且具有效率。在此之前我們並沒意識到，歷史上從未有東西如分析機般 匠心獨運，甚至未曾想過有可能出現一部會思考或推算的機器。」

她聲稱分析機能處理任何需運算的事物，

*白努利數，由瑞士數學家雅各布‧白努利 (Jacob Bernoulli，1654-1705年) 所創。

不僅是數字，還包括各種**符號**和**信息**，人們將可用機器**處理文字**，甚至按照科學的規律**作曲**。

　　愛達對分析機的詳盡闡釋，令她被巴貝奇戲稱為「**數字魔女**」(enchantress of numbers)。後來，她轉而想研究神經如何**傳導信息**，可惜因患上子宮頸癌，病情反復，難以集中精神。最後延至1852年逝世，年僅36歲。

　　至於比她**長壽**的巴貝奇一生中除了差分機

和分析機，還從事多項工作，例如研究**人壽保險制度**，在測量火車路軌寬度時又間接研發出**火車『黑盒』**，晚年還發明一種用於燈塔的**機械升降燈罩**，令船員易於辨認方位。可惜，他始終未能完成最重要的目標，分析機至1871年他去世時仍沒造出實物，只餘下數千頁筆記及設計圖。

不過，機器發展從未停步。後來巴貝奇的兒子亨利整理其文件及設計圖，出版《**巴貝奇計算機**》(*Babbage's Calculating Engines*) 一書，並製造6部小型差分機**模型**，分送美國哈佛大學在內的幾間著名學府。數十年後，哈佛大學教授艾肯*受差分機**啟發**，進而研究分析機。及後他與國際商業機器公司 (IBM) 合作，於1944年

*霍華德‧哈撒韋‧艾肯 (Howard Hathaway Aiken，1900-1973年)，美國物理學家與電腦開發者。

製成「馬克一號」(Mark I) 計算機。它與現代的電子化電腦不同，乃由轉軸、離合器、電鐸等零件構成，仍有着機械推動運轉的影子。

1991年，倫敦科學博物館 (Science Museum) 依照差分機2號**設計圖**，成功製造出兩部差分機，且能準確地計算和列印答案，由此證明巴貝奇的構想是可行的。

另一方面，愛達也沒被世人遺忘。1980年2月，美國國防部為整合美軍電腦中的多種程式，設計出一套程式語言，稱為「**Ada**」，以記念這世界首位電腦程式設計師。

巴貝奇的差分機與分析機構想，代表人們運用機器解決**抽象複雜**的科學問題，以改善生活。他曾在自傳中提到：「一旦分析機出現，勢將**引領**未來科學的發展。此後每當我們利用

它計算出任何結果，總會不禁問，這機器是如何在最短時間找到答案的？」觀乎現今電腦科技的發達，即可見其**非凡的遠見**，值得人們深思。

最早期的計算機

其實，最先設計機械算數的並非巴貝奇。早於 17 世紀初，德國天文學與希伯來語教授威廉·希卡德 (Wilhelm Schickard，1592-1635 年) 就設計了第一部機械計算機。它由多個齒輪組成，只要撥動齒輪，就能做到六位數字的加法和減法。

希卡德計算機的仿製品

　　另外，1642 年法國物理學家、化學家兼數學家布萊茲·帕斯卡 (Blaise Pascal，1623-1662 年) 也製造出一種與希卡德計算機相近的機械計算工具，並能進行超過六位數字的加減計算。

帕斯卡計算機的仿製品

　　可是，兩者設計並不普及，只成為富貴人家的玩意，而且其計算速度不高又不夠準確，只能算出簡單加減數。相反，巴貝奇的差分機卻能準確計算較複雜的算式，且能直接將結果列印出來。

對數

　　古時數學家為了方便計算數值龐大的複雜算式，就發明了對數 (Logarithm)。以 100 為例：

$10 \times 10 = 100$

故此可稱 100 是 10 的二次方，以數字顯示就是 10^2。

除此之外，還有另一種表達方式：

$\log_{10} 100 = 2$

或簡單寫成：

$\log(100) = 2$

這數式的意思是，若以 10 為底數，2 是 100 的對數。

　　對數的其中一個功能是計算次方，而其神奇之處在於可將較複雜的乘法和除法，換成較簡單的加法和減法，如下方公式所示：

$\log(A \times B) = \log(A) + \log(B)$

$\log(A \div B) = \log(A) - \log(B)$

　　例如要計算出 3176×1245，人們翻查對數表時就會看到：

$\log(3176) = 3.50188$

$\log(1245) = 3.09517$

其意思是 3176 等於 10 的 3.50188 次方，亦即 $10^{3.50188}$；

而 1245 則 等 於 10 的 3.09517 次 方，亦 即 是 $10^{3.09517}$。

當兩數相乘，就是

$10^{3.50188} \times 10^{3.09517}$，

利用左頁的對數公式便可得到：

$\log(3176 \times 1245) = \log(3176) + \log(1245)$

$= 3.50188 + 3.09517 = 6.59705$

由此得知 $3176 \times 1245 = 10^{6.59705}$

只要翻查對數表，便會看到答案大約是 3954121.41，若現代使用計算機則會得到 3954120。

相反，若計算 $3176 \div 1245$，就運用左頁的對數公式：

$\log(3176 \div 1245) = \log(3176) - \log(1245)$

$= 3.50188 - 3.09517 = 0.40671$

所以，$3176 \div 1245 = 10^{0.40671}$

再翻查對數表，就得到答案大約是 2.551，若現代使用計算機則同樣得出 2.551。

為何對數表的答案與計算機的有出入？這是因計算對數時，小數點後的數字過長而會省略尾數，以致出現微小的數值偏差，但數表對未有計算機的時代而言已是一大突破了。

探索萬物起源的冒險家

冒險家

達爾文

海浪不斷拍打聖赫倫那島光禿禿的岩岸，湧起片片浪花。一艘小型軍艦駛至當地的外海，那是遠洋探測船「小獵犬號」。有個人正從船窗遠眺島上的岩山，他就是日後提出著名的進化論、博物學家查爾斯·達爾文 (Charles Darwin)。1836年7月8日，他踏上了這座赫赫有名的島嶼。

傳奇人物拿破崙*就葬身該地，不過達爾文對此並沒多大興趣，反而關注這座大西洋火山島的地質風貌和為數不多的生物活動。他到處探索，蒐集樣本，數天後與其同伴離開那裏，繼續踏上歸途。

*拿破崙・波拿巴 (Napoléon Bonaparte) (1769-1821)，亦即拿破崙一世，法國皇帝兼出色的軍事家，建立法蘭西第一帝國。為爭霸權，四處征戰，於1815年「滑鐵盧戰役」中戰敗，被流放至聖赫倫那島。

那時，達爾文進行環球旅行已近5年了。經過長期**考察**，他內心的一些疑問似乎得到**答案**：「地球似乎並非如《聖經》所說的**永恆不變**，生物也會因適應環境而**改變**呢。那麼人類又是否**演化**過程的一部分？」

　　想着想着，他回憶起一路走過來的歷程……

通山跑的野孩子

1809年2月12日，查爾斯・達爾文於英國梳士貝利鎮的一個醫學世家出生，排行第五，上有一個大哥和三個姊姊，另外還有個妹妹。父親羅伯特是當地有名的醫生，而祖父伊拉斯謨斯除了行醫，也研究自然科學，並撰寫過《動物學》一書，提及生物生存競爭的觀點。雖然他在達爾文誕生前就去世了，但一般相信其思想和著作都對孫子在進化論的看法有所影響。

童年時的達爾文活潑好動，對自然界有着濃厚興趣。他常常到郊野散步、釣魚、捉昆蟲，又會觀察鳥兒如鷯鸞飛翔的姿態。同時，他喜歡蒐集各種各樣的東西，如礦物、貝殼、

硬幣、昆蟲等。到十多歲時就迷上**打獵**，而且槍法頗為了得呢。

哥，看看這隻蝴蝶多漂亮！

只是，他不喜歡學校**古板**的教育方式，對硬背經典毫無興趣，成績也不大理想。1825年，16歲的達爾文被送到愛丁堡大學讀醫，但其興趣已轉至自然研究上。期間，他結識了許多**博物學家**。所謂博物學，就是**自然歷史**的科學，主要研究大自然的**生態**及其**演變**。達爾文努力跟隨他們學習，例

如曾與格蘭特博士*調查蘇格蘭東部海岸的海洋動物，進行解剖，又在大學博物學會中發表論文。

由於羅伯特見小兒子無心學醫，要他繼承家業當醫生恐怕無望了，故轉而想對方到教會工作。為此達爾文需要相關知識，遂入讀劍橋大學基督學院。只是，他沒有放棄自然科學，課餘時與朋友到郊外捕捉甲蟲研究，又閱讀許多遊記和關於自然的書籍，並跟隨教授亨斯洛*和塞志維克*學習，研究動植物、地質學和化石。

1831年，亨斯洛獲悉皇家海軍艦艇「小獵犬號」將遠赴南美進行勘探，船長要一位博物學家同行。於是他通知達爾文，鼓勵對方應徵。

*羅伯特‧埃德蒙‧格蘭特 (Robert Edmond Grant，1793-1874)，英國動物學家與解剖學家。
*約翰‧史蒂文斯‧亨斯洛 (John Stevens Henslow，1796-1861)，英國司鐸、植物學家與地質學家。
*亞當‧塞志維克 (Adam Sedgwick，1785-1873)，英國司鐸與地質學家。

　　達爾文立即回家請求父親同意，但羅伯特卻擔心旅程會阻礙兒子擔任聖職工作，故加以反對。及後幸得其舅舅極力**遊說**，始能成事。為免**夜長夢多**，他儘快出發與船長**斐茨羅伊***見面。最後，年僅22歲的達爾文通過面試，得到這個**夢寐以求**的機會。

---

*羅伯特・斐茨羅伊 (Robert FitzRoy，1805-1865)，英國天文地理學家及氣象學家，曾於海軍服役，後任新西蘭總督及英國氣象局局長，開創天氣預報。大家也可於《大偵探福爾摩斯⑩暴風謀殺案》「後記」參閱有關歷史。

環球之旅──
南美、加拉帕戈斯群島、澳州

9月，達爾文來到普利茅斯港，看見正在整修的小獵犬號。那是一艘不算大的雙桅帆船，僅長約27米，重242噸，這次將載着70多人橫渡大西洋。小獵犬號原定10月出發，但因修復未完成以及受惡劣天氣影響，結果延至12月27日才正式啟航。

禍不單行，當船駛出大海後，達爾文就面臨一件可怕的事情──暈船。船上搖搖晃晃的，他感到極之難受，食不下嚥，常常只能躺在船艙的吊床上，靠看書、研究、與人談話等

分散注意力以舒緩不適。

小獵犬號一直南下大西洋，半個月後來到**佛德角群島**稍事停航休息，順便測量地理位置。能腳踏陸地令達爾文精神為之一振，他在那裏探究當地的**地質**，並對一些動植物如海兔、鰹鳥等加以研究。

1832年2月尾，他們終於抵達南美洲的**巴伊亞**，一片熱帶景色已展現眼前。到4月上旬，

達爾文的

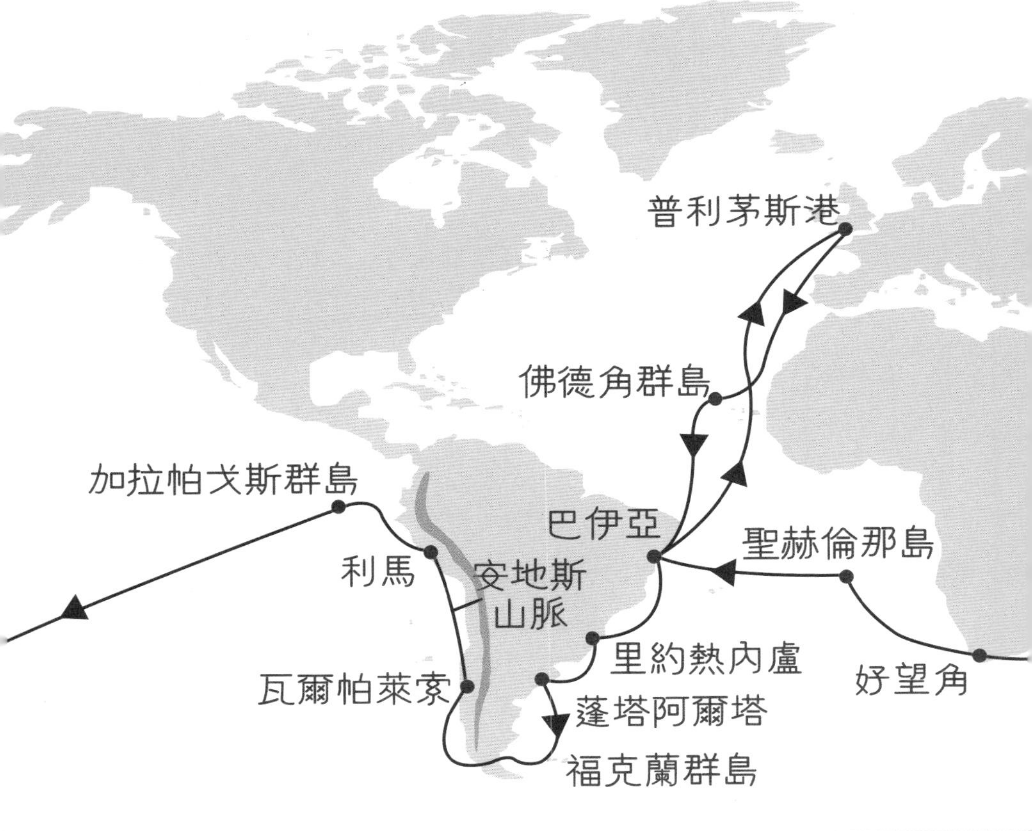

普利茅斯港

佛德角群島

加拉帕戈斯群島

巴伊亞

聖赫倫那島

利馬

安地斯
山脈

瓦爾帕萊索

里約熱內盧

好望角

蓬塔阿爾塔

福克蘭群島

環球之旅

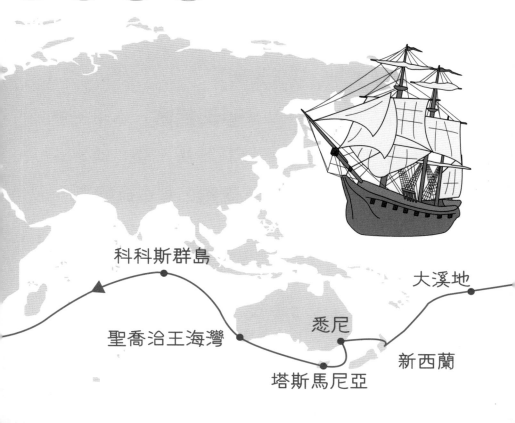

科科斯群島

聖喬治王海灣

大溪地

悉尼

新西蘭

塔斯馬尼亞

他們航行至大城市里約熱內盧，並逗留了數月之久。其間，達爾文與同伴深入巴西熱帶雨林。當時天氣酷熱，猛烈陽光照在叢生的植物上，偶爾又會突然下起滂沱大雨，整片樹林都被籠罩在水氣中，一片朦朧。

他們沿途經過一棵棵參天巨木，在樹下那些巨大的白色板根和低矮植物間，駐足觀察各種奇特的生物，如粗大的森蚺、細小的蜂鳥、懂得彈跳的叩頭蟲、美麗的紫色蘭花，還有擬態類昆蟲如枯葉蝶、竹節蟲等。達爾文細看其形態，也蒐集了多隻製成標本。

不過，旅途上也發生一些令人不快的事情。達爾文受邀參觀一位英國人的農莊時，看到黑人奴隸被虐打。此事令他深感憤怒，但又無能為力。後來，他回到船上將此事告訴斐茲

羅伊，但對方竟**若無其事**。斐茲羅伊甚至說自己曾拜訪一個莊園，當時主人叫一眾奴隸列隊，並問他們是否滿意自己身處的地方，那些黑奴都回答：「**滿意！**」

　　達爾文聽到後，只**嗤之以鼻**，禁不住嘲諷道：

呵，他們當着主人的面，還敢説出其他答案嗎？

你竟敢嘲笑我！

兩人**大吵一頓**，之後又互不理睬。最後，斐茲羅伊先行認錯，並吩咐一個船員代己道歉，兩人也和好如初。

在小獵犬號停航期間，成員忙於補給工作，而達爾文則趁着空檔，將部分**標本**寄回英國給予亨斯洛研究。由於船程關係，那些成品到半年後才送到對方手上。

達爾文他寄來這隻動物是甚麼品種呢？

　　7月，小獵犬號繼續向南前進，勘察南美洲東岸。他們曾因遭遇風暴而一度駛進較平靜的**布蘭加灣**（Bahia Blanca）暫避風頭，之後斐茲羅伊帶領船員進行探測活動，並繪製附近的**海岸線**。而達爾文則與助手上岸，來到一個叫**蓬塔阿爾塔**（Punta Alta）的地方，發掘出許多巨獸的**骸骨化石**。

他發現這些已**滅絕**的巨型動物，其外型竟與現今某些仍存活的生物非常**相似**。他不禁懷疑兩者可能源自相同物種，那是否證明了生物會**改變**呢？

之後，眾人花了約一年多時間，在南美東岸來回航行，到過南面的**福克蘭群島**與**火地島**。另外，他們又曾進入南美東部的內陸地區，只是最終被山脈阻擋而折返。其間，達爾文**興致勃勃**地觀察四周生物及地質情況。

1834年6月，小獵犬號越過最南端的**合恩角**，來到南美洲西岸，再向北航行。雖然中途遭遇多次風暴，但最終在7月下旬平安抵達智利的**瓦爾帕萊索**（Valparaiso），達爾文也展開另一個陸上旅程——探索**安第斯山脈**，且有驚人發現。

安第斯全長約7000公里，是世界最長的陸上山脈。在當地嚮導帶領下，他和助手騎着騾子上山，觀察塔巴科羅鳥、**蜂鳥**、美洲獅等野生動物。正當他研究山上的地質結構時，竟發現其中埋有大量貝殼化石！

「這裏離海面3000多米，為何有貝殼化石層？難道以前是海底？」他止不住內心的震

驚，「上帝創造的萬物皆為完美，那麼大地有可能變動嗎？」

達爾文估計該處在遠古時是海底，因地殼變動而變成高山，連帶那些海洋生物也一併升上來了。雖然這與他從《聖經》學到的知識大相逕庭，但後來發生的兩件事令他更趨向相信地球並非不變的。

1835年1月19日，小獵犬號正停泊在智利中部對開的奇洛埃島附近。半夜時分，眾人看到大陸遠處出現點點紅光。原來奧索爾諾火山突然爆發，大量岩漿噴出來了。到2月20日，達爾文正在塔爾卡瓦諾港口休息時，突然感到地動山搖，差點站不起來。原來北方發生大地震，四周的房屋倒塌，地面出現長長的裂縫，連山上很多巨石都掉了下來。

經測量後，他發現地表竟**上升**了數英尺，由此反映大地會伴隨火山爆發及地震而變動。

眾人留在南美差不多3年了。9月，小獵犬號終於離開美洲，駛進浩瀚的太平洋，向着將對達爾文影響深遠的加拉帕戈斯群島進發。

加拉帕戈斯位於太平洋東部，屬於火山群島，由超過20個島嶼組成，四處佈滿黑色岩石，氣候**乾燥**。9月中旬，小獵犬號來到群島南端。雖然達爾文在那裏只逗留了一個月，但成果非常**豐富**。

他逐一登上這些島嶼進行觀察，採集各種生物樣本。那裏的植物和昆蟲不算很多，但卻有一些獨特生物棲息，例如**海鬣蜥**和巨型的**陸龜**。據當地人說，每個島上的陸龜體型和殼的

看牠的體型，我相信是從詹姆士島抓來的。

一眼就看出，真厲害呢！

唔，群島的陸龜都屬同一品種，為何會有差異呢？難道是因環境不同而造成的？

→ 加拉帕戈斯（Galapagos）在西班牙語中的意思就是龜，所指的就是這種當地特有的巨型生物。

Photo Credit: Galapagos giant tortoise Geochelone elephantopus by Matthew Field / CC BY-SA 3.0

外型都略有**差別**，達爾文對此很好奇。

此外，另一種生物也引起達爾文注意，那就是雀鳥。他發現群島中有種鳥具有多個**種別**，一些更僅限出現於某個島。牠們的外型很類似，但彼此的嘴喙構造卻各有不同。他認為那些雀鳥可能因應環境而發展出不同的**覓食方式**，於是逐漸各自演變出相異的嘴喙。

是在鄰島看過的鳥兒，但這裏的又有點不同呢！

↑圖中4種雀科鳥類棲息於加拉帕戈斯不同的島嶼，其嘴喙的大小各異，有些用來啄食堅果或種子，有些則可捕食昆蟲。正因彼此生活環境不同，造成一個物種演化出不同形態的情況。

　　加拉帕戈斯群島獨特的生態令達爾文相信，**物種多樣性**並非一開始就各有差異，而是**日積月累**慢慢演變而來。生物為適應環境而長出有用的特徵，這為日後人們研究進化理論提供了有力的**證據**。

　　完成加拉帕戈斯的探索後，小獵犬號繼續西進，至11月中旬航行至**大溪地**。他們在這座景色一流的南太平洋島嶼上逗留一個星期，接

着駛向新西蘭，並於1836年1月抵達悉尼。

達爾文除了研究當地自然生態，也會觀察居民生活，並發現原住民正逐步減少。他將此歸因於文化衝突、歐洲人引進烈酒，還有從歐洲傳入的疾病令沒有抗體的原住民大批死亡。其實，不僅是澳洲，連美洲和非洲都曾出現類似情況。

同樣，他亦觀察到原生動物受外來物種威脅所造成的傷害。他猜想那些生物能適應外來者之前，只會大量傷亡，導致數目減少，甚至可能滅絕。

3月中旬，小獵犬號開始航向印度洋，至4月眾人來到由多個珊瑚島組成的科科斯群島（Cocos Islands）。當地主要長有椰子樹，動物種類較少。不過，達爾文的目標則是以珊瑚礁

證實他那大陸也會**下沉**的猜想。

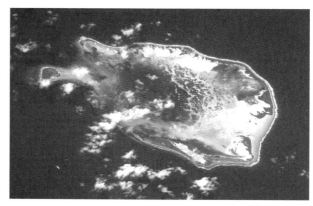

一科科斯群島的衛星照片，環狀的珊瑚礁令中間形成一個潟湖。

　　他認為當陸地下沉，生活於淺水區的珊瑚為了生存，就會**往上生長**。到陸地完全沉進海裏時，圍繞着陸地周邊的珊瑚礁中間便會形成一個**潟湖**。故此，環礁的出現反證了陸地下沉的結果。他從島上居民得悉海灘附近一間倉庫的基柱於7年前仍遠高於海面，但後來卻受**潮汐**沖擊，這證明陸地正漸漸沉下去。

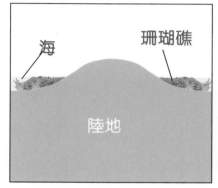

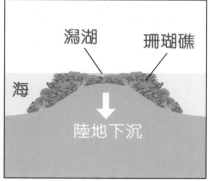

　　10天後，小獵犬號離開科科斯群島，繞過非洲南端的**好望角**，航行至**聖赫倫那島**。為了測量環球航行的日子，他們再次前往**南美**的巴伊亞，終於完成環遊世界的壯舉。

　　及後船艦一路北上，於1836年10月2日抵達**英國**的法爾茅斯港。達爾文終於回到了這個睽違5年的故鄉，他**急不及待**地連夜乘馬車回家，與親人見面。而在完成這次長途旅程後，他就再沒離開過英國了。

物種起源的風波

達爾文離開小獵犬號，終於擺脫航海帶來的暈船之苦，但病魔卻隨即襲來。自他回到英國後，健康狀況就開始轉差，多年來都無法好轉。醫生和學者猜測他可能在南美感染了某種病症，加上神經衰弱所致。

不過，他並沒有閒下來休息，反而努力着手整理5年以來環球旅行所得的寶貴研究資料。1839年，他連同自己的所見所聞寫成《小獵犬號航海記》(*The Voyage of the Beagle*) 一書出版。

1842年，為舒緩身體不適，達爾文與妻子從倫敦遷至肯特郡郊外的唐恩莊園（Down

House），閒時會看書和出外散步，當然也沒放棄工作。他努力開闢實驗用的農田和温室，探索植物和地質的奧妙，而進化論也在那裏逐步建構完成。

他明白到地球並非永恆不變，陸地會上升或下沉，大自然不斷變化。於是提出了一個假設：生物為適應當地的環境，也必須改變，例如捨棄無用的器官，長出有利於生存的特徵，變成新的物種，而這種演化是緩慢而漸進的。

另一方面，生物之間良莠不齊，具某種優勢的有較強的生存能力，有利族群繁衍。相反，牠們一旦無法適應環境，便可能無法繁殖，最後滅絕。這就是所謂「物競天擇，適者生存」。

南美那些史前巨獸就是無法適應環境，才會被淘汰，從地球上消失。

而與牠們外型相似的動物則進化成新物種，才能存活到現在，這樣恐怕連人類也不例外啊。

　　當時西方社會普遍相信萬物皆由**上帝**創造，各有既定角色，不會改變。而人類更是神依據自己的形象創造出來的**特殊生命**，獨立而高貴，但進化論卻將人類貶為與一般動物無異，只是從其他物種演變而來，這與教會的教義相悖。為免引起**軒然大波**，達爾文將研究彙

整成篇後，多年來都沒公開，只與朋友私下討論。直至另一位博物學家出現，才打破悶局。

1856年，華萊士*獨自構想出物種「天擇」的理論，並將初步構想去信達爾文請其指教。達爾文收到信後大為震驚，沒想到竟有人也提出類似想法。為免落得剽竊的嫌疑，他將華萊士與自己的論文於1858年一同在學會發表。1859年11月24日，他把自己多年的研究所得成書出版，名為《物種起源》，引起了世人關注，初版1250冊在發售當天即告售罄。

與此同時，極具爭議的進化論果然引來教會與保守派人士激烈批評。幸好達爾文身邊不乏支持者，例如赫胥黎*，他因極力捍衛其學說而被稱為「達爾文的鬥犬」。

*亞爾佛德‧羅素‧華萊士 (Alfred Russel Wallace，1823-1913)，英國博物學家、探險家、人類學家與生物學家。
*湯瑪斯‧亨利‧赫胥黎 (Thomas Henry Huxley，1825-1895)，英國生物學家。

雙方展開多次爭論，其中最著名的就是1860年6月召開的「牛津會議」。當日，身在風暴中心的達爾文因病缺席，由赫胥黎擔任代表，而反對者的主力則是韋伯福大主教。雙方先後發表演講，接着主教**輕佻**地向赫胥黎問了一句話：

請問你祖父還是祖母乃由猿猴所生的？

當猿猴的後代並不可恥，真正感到可恥的是那些以巧舌蒙蔽真相、混淆視聽的文明人！

達爾文的支持者隨即發出**熱烈掌聲**，而面對赫胥黎極為大膽言論的主教反倒**無言以對**。同時，四周抗議與辱罵聲也**不絕於耳**，因為當時出言辱罵教會的權威人士是一件不得了的事情呢。

其實，情勢並沒達爾文想像中**嚴峻**。1864年，皇家學會向他頒發**科普利獎章**（Copley Medal），表揚他在地質學、動物學與植物學上的成就，反映其研究漸獲科學界關注和認同。

達爾文並非首個提出進化論的人，其祖父以及法國博物學家**拉馬克**[*]早有論述。不過，他從遠洋旅程中試圖找出生物演化的證據，並**旁徵博引**，系統地闡明出理論，大大影響往後百

*讓-巴蒂斯特·拉馬克 (Jean-Baptiste Lamarck，1744-1829)，早於1809年在《動物哲學》一書闡述過有關進化的理論。

多年來科學家研究生物的思想與方向。

　　與此同時，遠在奧地利的一位神父孟德爾*利用豌豆進行實驗，確立多個生物遺傳的法則，奠定遺傳學的基礎。後世多將達爾文的進化論與孟德爾的遺傳學說結合，建構出更完整的生物演化理論，成為現在大部分人接受的學說。

　　究竟我們的祖先是否猿猴？人類又是否能夠變成更具智慧的生物，以適應多變的大自然？抑或一切只是虛妄的假想？時至今日，隨着基因檢測技術發展不斷進步，我們將對生命的本質有更多了解。

　　不過，我們須明白不論是否萬物之靈，都該以謙卑的態度與無比的勇氣，盡己所能去探求事物的底蘊。正如達爾文在另一本著作《人

*格雷戈爾‧約翰‧孟德爾 (Gregor Johann Mendel，1822-1884)，奧地利的天主教聖職人員兼遺傳學家。

類起源》的結語中寫道：「我們該關心的是能否盡自己的理性去發現真相。大家該明白我已為此盡力了。對我來說，縱使人類擁有高尚的本質與天賦的智慧，足以憐憫那些鄙陋之物；足以幫助別人以至最低等的生命；甚至足以明瞭整個太陽系的構造與運行，但須知道人類體內仍刻有那個來自渺小根源、不可磨滅的印記。」

無論所得結果如何，探索事物的過程將成為我們彌足珍貴的學習經驗，從而有所成長和進步。

元素排列的奠基者

Rn

門捷列夫

　　在以前介紹的科學家中，曾提及他們發現過某些新元素，如瑪麗·居禮*發現**鐳**和**釙**、巴斯德*的恩師巴拉爾曾發現**溴**，而法拉第*的導師戴維更發現了**鈣**、**鉀**、**鈉**、**鎂**等15種元素。那麼，究竟「**元素**」是甚麼東西？

　　世上所有物質皆由各種各樣的**原子**構成，而元素則是只由一種原子構成的物質，它無法

以普通化學方法**分解**成更簡單的成分。目前已知元素超過100種，有些是常見的金屬，如金、銀、銅、鐵等，有些則可能**聞所未聞**，如銫、鉲、錏*等。

是否感到有點難以明白？別心急，之後會為大家再作講解，現在先介紹一位對研究元素**影響深遠**的人物。

德米特里‧伊萬諾維奇‧門捷列夫*(Dmitri Ivanovich Mendeleev) 是19世紀的俄羅斯化學家。他發現那些看似**雜亂無章**的元素其實具有某種關連，並將之排在一個圖表中，**分門別類**，那就是化學界著名的「元素週期表」。而發現過程更與他的童年一樣曲折。

*銫 (音：色)、鉲 (音：卡)、錏 (音：亞)。
*或譯作「門得列夫」。

艱苦歲月

1834年，門捷列夫於俄羅斯西伯利亞西部的**托博爾斯克** (Tobolsk) 出生。他是家中么子，上有十多個兄姊。父親本是一所高中學校的校長，但就在這最小的兒子出生那年卻忽然**雙目失明**。雖然他後來經手術回復視力，但也失去了工作，被逼**退休度日**。

於是，家中的經濟重擔就落到門捷列夫的母親**瑪利亞**身上了。幸好她的娘家是當地有力的商人，兄長更在托博爾斯克北面20哩外有座小型**玻璃工廠**。於是，她請求對方讓自己經營以維持生活。

門捷列夫7歲時到一所文理學校就讀，只是

他不喜歡其**僵化**的教學方式，尤對死記硬背拉丁文和古希臘文**深惡痛絕**。故此其成績並不好，甚至可說**岌岌可危**，每年都只能勉強升班。後來，幸得姐夫巴薩君 (Bessagrin) 在其課餘時指導功課。同時，門捷列夫更受其啟發，對科學產生**濃厚興趣**，展現出卓越的才華，亦成為他投身科學的起步點。

這些才有趣嘛！

Science

　　可惜**好景不常**，父親於1847年去世。那時除了門捷列夫和最小的姊姊莉莎，其餘兄姊不是離家工作，就是已出嫁，昔日的大家庭變得非常**冷清**。翌年，玻璃工廠更發生一場**可怕**的**災難**……

　　「快！拿水來！」一個男聲大聲叫道。

　　「不行了！那邊已經燒到要塌了！」另一個男聲大喊。

　　只見整座工廠發出刺眼的紅光，**火舌**與濃黑的**煙**正不斷從破碎的玻璃窗口冒出。許多人在周圍拿着水桶向內潑水，試圖減弱火勢，可惜**於事無補**。

　　「一切都**燒光**了……」門捷列夫看着面前熊熊的火光，喃喃地說，「甚麼都沒了……」

　　莉莎緊緊握着母親的手，啜泣道：「媽

媽……」

「別怕。」瑪利亞拚命穩住自己顫抖不已的雙腿，出言安慰，「沒事的。」

經過多時，大火終於熄滅，只是所有東西已付之一炬，剩下一片斷瓦頹垣。瑪利亞失

去了工廠，只好靠着積蓄度日。

1849年，15歲的門捷列夫中學畢業。為了讓這小兒子得到合適的教育，瑪利亞變賣僅餘的資產，帶着他和莉莎，乘馬車**千里迢迢**到**莫斯科**，希望他能上條件較好的莫斯科大學。

不過，當時俄羅斯每個省對當地學生提供的學額都有**限制**。如果該名學生跨區到其他地方申請，大學未必給予位子。而莫斯科大學就以此為由，**拒絕**讓門捷列夫入讀。

於是，三人繼續西行數百哩來到**聖彼得堡**，但聖彼得堡大學亦因同樣問題拒絕其申請。最後，瑪利亞唯有請丈夫昔日的**同窗好友**協助，從中打好關係。門捷列夫終於獲得父親的母校——聖彼得堡第一師範學院錄取，攻讀**數學**、**化學**等科目。

自兒子上大學後，瑪利亞終於鬆一口氣，長年累積下來的疲勞也一下子襲向她，結果一病不起，就在翌年去世。禍不單行，2年後莉莎也因患上肺結核而過身，門捷列夫在聖彼得堡已舉目無親了。後來，有一天他突然吐血，經醫生診斷，證實他也患上肺結核，須入院治療。

雖然發生連串悲苦之事，但他仍十分努力學習，甚至住院期間常在醫院的實驗室悄悄做一些自創的實驗呢。

門捷列夫先生，快返回床上休息！

糟糕，被發現了！咳咳！

　　到他病情好轉後便回校念書，研究興趣亦逐漸轉向**化學**方面。他曾就結晶的成分與形成寫過一篇**論文**，教授們看過後皆**大加讚賞**。

　　1855年，門捷列夫以優異的成績畢業，隨即被派到辛菲洛普 (Simferopol) 一所中學執教。只是當地正爆發**克里米亞戰爭**，中學關閉使他無法工作。與此同時，他再度咯血，身體狀況變得很差，本以為這次**九死一生**，幸得一位軍醫診治而慢慢**康復**起來。

　　後來學校重開，他便一邊教書，一邊做研究，準備考取碩士。1856年回到聖彼得堡參加碩士考試，並順利**獲取資格**。及後，年僅22歲的門捷列夫更成為聖彼得堡大學**副教授**。

增廣見聞──
留學德國

　　1859年，門捷列夫獲政府資助，到外國留學兩年。他先到**巴黎**，跟隨當時著名的化學家勒尼奧*學習。之後，他前往德國的**海德堡大學**進修。期間，他研究液體的各種性質，例如毛細現象、沸點溫度等，亦專注查探各種元素，並從中發現了氣體的**臨界溫度**。

　　甚麼是臨界溫度？那是物質在溫度上的臨界點。首先，須知道大部分物質具有3種形態，包括**固體**、**液體**和**氣體**，而形態轉變則受外界**溫度**和**壓力**影響。例如水一般到達100℃時就

*亨利・維克托・勒尼奧 (Henri Victor Regnault，1810-1878)，法國化學與物理學家，
以精確測量氣體熱力而聞名。

會化成水蒸氣，當降到0℃便結成冰。不過，若在數千公尺的高山上，水只需70多 ℃便會沸騰了，這是 大氣壓力 影響所致*。

在19世紀，人們認為只要施加足夠壓力，所有氣體都應能 液化 。只是，當時科學家對 氧氣 和 氮氣 不管施加多大壓力，仍無法將之變成

→當我們打開汽水瓶蓋時，會聽到「嘶」的一聲，其實那是二氧化碳逸出的聲音。在製造汽水的過程中，二氧化碳被加壓成液態，溶於飲料中，再立即加以密封，以增加口感。

↑在瓶蓋被打開的瞬間，瓶中的壓力驟減，部分二氧化碳就會變回氣體，噴出瓶外。

*若想知道氣壓如何影響水的沸騰，也可參閱《大偵探福爾摩斯 常識大百科》p.96。

液體。門捷列夫就指出氣體只要高於其臨界溫度，便無法液化。相反，只要低於臨界溫度，任何氣體都能轉成液態。

1860年9月，門捷列夫到德國**卡爾斯魯厄**

液氧

←氧氣在常溫下是氣體，但當它被冷卻至大約-182℃時就會變成液體，呈淺藍色。

Photo Credit: Liquidnitrogen by Cory Doctorow / CC BY-SA 2.0

液氮

←氮氣處於-195℃時就變成無色的液體，將液態氮置於室溫則會沸騰，如圖中那樣冒出白氣。
千萬別徒手碰觸液氮和液氧，否則會嚴重凍傷啊！

(Karlsruhe) 參加第一屆國際化學會議。會上其中一項議題就是**統一**化學元素的**測量**方式。

至19世紀中期，科學家已發現60多種元素。然而，要如何測量元素中的原子並無**統一標準**，只靠科學家各自摸索，有時甚至在測量同一種元素時會得出相反結果。這無疑**窒礙**了化學的發展，故此須找出一個合理方法解決這個問題。

會議中意大利化學家**坎尼扎羅***重申原子是元素的最小部分，只有計算**原子質量**，才能有效分辨元素間的差異。他提出一個方法：當兩份氣體在相同**溫度**和**壓力**下，若彼此**體積**相同，其原子**數量**則一樣。那麼，只要將兩種氣體在同溫、同壓、同體積下作比較，就能準確

---

*斯坦尼斯勞‧坎尼扎羅 (Stanislao Cannizzaro，1826-1910)，意大利有機化學家及社會活動家。

測出它們的原子質量了。

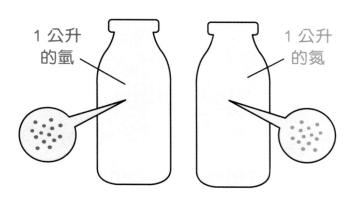

↑假設2個瓶內的氣體各有1公升，溫度和所受壓力都一樣。氮氣比氫氣重14倍，由於彼此的原子數量相同，那就能計算出每粒氮原子的質量比每粒氫原子大14倍。

另一方面，年輕的門捷列夫在會上聽取多個科學家的研究成果，**獲益良多**，對元素有更廣泛的認識。

現在，大家對元素和原子是甚麼是否仍一**頭霧水**？那麼，在繼續門捷列夫的故事前，再看看一些**基本概念**吧。

如開首所述，原子是構成世界事物的**基本物質**。早於2400多年前的古希臘時代就有「原子」概念，哲學家**德謨克里特***說過世間萬物的質量、顏色等皆由原子的特性決定。不過，此學說卻一度**銷聲匿跡**近二千年。直到17至18世紀，有些科學家將之**重提**，如1803年英國化學家道耳頓*就認為所有元素皆由原子構成的。

原子的英文「**atom**」就是源於古希臘語「atomos」，具有「不可分割、無法再分離」之意。它們極之**細小**，就算用顯微鏡也**無法觀察**。而由於每種元素只由一種原子構成，所以當時人們認為元素也無法再分解*。

另外，超過一種元素組成的物質稱為「化

---

*德謨克里特 (Democritus)，生於公元前400多年的希臘愛琴海北部的自然哲學家。
*約翰‧道耳頓 (John Dalton) (1766-1844)，英國物理學家與化學家，亦為英國皇家學會成員。
*至20世紀初期，人們發現原子其實是由更細小的電子、質子和中子構成，並能通過一些特殊方法進行分裂或融合，變成新元素，但在此暫時不表。

合物」，例如水就是由兩個**氫原子**和一個氧原子結合而成的化合物。

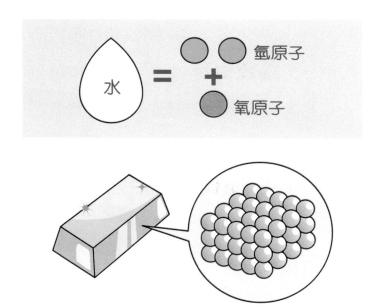

↑金就是一種元素，它由大量金原子構成。

元素遊戲

門捷列夫留學了兩載，於1861年返回聖彼得堡，但因原本的副教授職位已被別人取代，須另覓工作。同時，他發現國內竟連一本合適的俄文有機化學教科書也沒有。為解決這些問題，就替出版社編撰書本。

他的寫作速度非常驚人，配合過往在大學任教化學時所作的教學筆記，竟於兩三個月內便完成長達500頁的巨作《有機化學》。而此書成了俄羅斯第一本有系統地闡述相關知識的著作。

後來，他輾轉回到聖彼得堡大學工作。其間，除了教學，門捷列夫曾受煉油廠廠主邀

請，到高加索地區考察**石油開採**以及**石油加工**的狀況。1864年，他與家人搬到郊外的一個小莊園，以**化肥**改良田地的土壤，藉**科學化方法**改善農業，並教導農民改善耕作方式，增加收成。

1867年，門捷列夫被任命為化學教授，負責**無機化學**，並進行課程改革。他的課很受歡迎，課室時常擠滿來聽課的學生呢！

無機化學

←所謂有機化學，主要探究構成生物的元素和化合物。相對而言，無機化學就是有機化學以外、主要對沒生命的物質進行研究。

有機化學

　　那時，門捷列夫有感俄羅斯在發展化學方面仍較落後。不單是有機化學，就連無機化學也一樣在國內找不到像樣的教科書。為此，他着手編纂一套闡釋無機化學的巨著──《化學原理》。當初他計劃全書以元素性質分類陳述，但要如何順序成了一大問題，於是暫停寫作，轉而探究元素的規律。

其實，當時有許多化學家也嘗試**排列**諸多元素，以圖找出**特定模式**。只是有些元素性質相近，但其原子質量卻大不相同，難以放在一起。1866年，英國化學家紐蘭茲*提出「**八週期律**」，即把元素由輕至重排列後，以8個元素為一組，不過部分元素始終無法放到合適位置，令大部分同行**質疑**其理論。

1868年2月17日，門捷列夫用過早餐後，等待馬車到來送自己到火車站。他趁這段時間返回書房，看着書桌上那張寫滿一列元素的紙，苦苦思索當中**規律**。事實上，他為此已**廢寢忘餐**地想了三天，但始終未見成果。

他看着看着，忽然**靈光一閃**，立即抓起筆，將每種元素各自寫在一張**紙牌**上，然後好

*約翰·亞歷山大·雷納·紐蘭茲 (John Alexander Reina Newlands，1837-1898)，英國工業化學家。

像玩紙牌般**排來排去**。當時他非常專注，連馬車到來也沒理會。

可是，不管門捷列夫怎樣排，依然**徒勞無功**。他愈來愈焦急，身體卻愈來愈疲憊。結果，他想着想着，眼皮變得很沉重，就漸漸睡着了。可能日有所思，夜有所夢，據說夢境裏竟出現一個圖表，所有元素都各自在**適當**的

位置上。突然，他**驚醒**過來，立刻依照夢中所示將桌上的紙牌重新排列。

　　就這樣，門捷列夫終於發現元素的週期規律了。

就是這樣！剛才見到的就是這樣排的！

　　最初元素週期表裏有些地方打了**問號**，那是門捷列夫**刻意為之**。這是因為他在排列時，發覺某些元素不符合規律，無法順序排下去，

要跳過數行才能放進表內。他認為此異常情況預示了 **新元素** 尚待發掘，遂保留空出來的位置。

門捷列夫於1868年發表的第一個元素週期表。

ОПЫТЪ СИСТЕМЫ ЭЛЕМЕНТОВЪ.

ОСНОВАННОЙ НА ИХЪ АТОМНОМЪ ВѢСѢ И ХИМИЧЕСКОМЪ СХОДСТВѢ.

```
                    Ti = 50    Zr = 90    ? = 180.
                    V = 51     Nb = 94    Ta = 182.
                    Cr = 52    Mo = 96    W = 186.
                    Mn = 55    Rh = 104,4 Pt = 197,1.
                    Fe = 56    Rn = 104,4 Ir = 198.
                  Ni=Co = 59   Pl = 106,8 O = 199.
          H = 1     Cu = 63,4  Ag = 108   Hg = 200.
          Be = 9,4 Mg = 24 Zn = 65,2 Cd = 112
          B = 11   Al = 27,4 ? = 68  Ur = 116  Au = 197?
          C = 12   Si = 28  ? = 70   Sn = 118
          N = 14   P = 31   As = 75  Sb = 122  Bi = 210?
          O = 16   S = 32   Se = 79,4 Te = 128?
          F = 19   Cl = 35,6 Br = 80  I = 127
      Li = 7 Na = 23 K = 39 Rb = 85,4 Cs = 133 Tl = 204.
                    Ca = 40 Sr = 87,6 Ba = 137 Pb = 207.
                    ? = 45 Ce = 92
                  ?Er = 56 La = 94
                  ?Yt = 60 Di = 95
                  ?In = 75,6 Th = 118?
```

Д. Менделѣевъ

後來他修正其中一個未知元素的原子量為72。

然而，自他發表論文並展示元素週期表後，科學界的反應不一。有些人質疑當中的空位是否真的有未知元素，但門捷列夫並沒退縮，全力出言辯護。直至日後新元素被陸續發現，才足證其先見之明，在此舉出兩個例子吧。

　　在前頁的元素週期表內，鋁 (Aluminium，元素符號是Al) 附近有一個問號，門捷列夫認為該處可放入與鋁性質相近的元素，並暫稱為「eka-aluminium」，意思是「在鋁的下一列」。1875年，法國化學家博勃瀚*發現一種和鋁特性類似的新元素，命名為「鎵」*(Gallium)。經測量後，其原子量大約為69，剛好排在eka-aluminium的位置。

*保羅・埃米爾・勒科克・博勃瀚 (Paul Émile Lecoq de Boisbaudran，1838-1912)，他也發現過新元素釤 (音：三) 和鏑 (音：敵)。
*鎵，音「家」。

← 鎵 的 熔 點 只 有 約 29℃，單 單 握 在 手 上 就 可 將 之 融 化 成 液 體。現 代 許 多 電 子 設 備 中 都 含 有 鎵，例 如 發 光 二 極 體（LED）。

Photo Credit: Gallium crystals by en:user:foobar / CC BY-SA 3.0

另外，1885年德國化學家溫得勒*在弗萊堡附近的一個礦場內，發現新元素「鍺」*（Germanium），其性質與**矽**相似。他測出鍺的原子量為72，能排在元素「矽」附近的空位。

如此一來，就能證實門捷列夫的預測是正確的。

→鍺以德國「Germany」的拉丁語命名而成。它是很重要的半導體物料，而一些相機的廣角鏡頭玻璃亦含此元素。

Photo Credit: Polycrystalline-germanium by Jurii / CC BY 3.0

*克萊門斯‧亞歷山大‧溫克勒 (Clemens Alexander Winkler，1838-1904)。
*鍺，音「者」。

元素週期表
有甚麼用？

經過不斷改良，現時常用的元素週期表*與最初版本已大不相同，但它仍是建基於門捷列夫的構思。

元素週期表的制定可説是化學界的里程碑，它將原本一堆看似毫無關連的元素排列得井然有序。人們透過觀察圖表，就能更了解原子的特性，也能從空位附近的元素去估計元素特質，有助於尋找新的元素。

同時，這亦間接促進材料技術的發展，當科學家找到新元素後，就能更有效地研究其特性，再進一步查探它與其他元素如何互相影響

*現代元素週期表的模樣請參閱封底裏。

和**組合**，以產生各種新化合物，創造出**新物料**，並製作林林總總的物品如新的藥物、建築材料等。

門捷列夫製作了元素週期表後，並沒有停下來，反而**加快速度**編寫《化學原理》。該書於1871年出版，被公認為19至20世紀初國際化學界的**標準著作**，也影響了許多後進的化學家。

1893年，他獲委任為俄羅斯度量衡局局長，至1907年因患上肺炎去世。

門捷列夫一生勤於鑽研科學，並強調要**用得其所**，提出理論與實踐須互相配合才得以成功。1955年，人們發現了一種**新元素**。為紀念這位重要的科學家，就將這第101號元素稱為「鍆」(Mendelevium)。

誰改變了世界？③ **4 個科學先驅的故事**

編撰 / 盧冠麟　繪畫 / Costo　科學插圖 / 葉承志
策劃 / 厲河
封面設計 / 葉承志
內文設計 / 黃卓榮　編輯 / 郭天寶

出版
匯識教育有限公司
香港柴灣祥利街 9 號祥利工業大廈 2 樓 A 室

承印
天虹印刷有限公司
香港九龍新蒲崗大有街 26-28 號 3-4 樓

發行
同德書報有限公司
九龍官塘大業街 34 號楊耀松（第五）工業大廈地下
電話：(852)3551 3388　　傳真：(852)3551 3300

台灣地區經銷商
大風文創股份有限公司
電話：(886)2-2218-0701　傳真：(886)2-2218-0704
地址：新北市新店區中正路 499 號 4 樓

第一次印刷發行
版權獨家所有　翻印必究
未經本公司授權，不得作任何形式的公開借閱。

2020 年 12 月

正文社網上書店

www.rightman.net

訂閱雜誌

兒童的科學

ISBN：978-988-74720-1-8
港幣定價 HK$60　台幣定價 NT$270

若發現本書缺頁或破損，
請致電25158787與本社聯絡。

網上選購方便快捷　購滿$100郵費全免　詳情請登網址 www.rightman.net